Activities in Spanish

Picture-Perfect Lecciones de CIENCIA

K

Uso de manuales infantiles para promover el aprendizaje de STEM

Por Emily Morgan y Karen Ansberry

nsta Press
National Science Teaching Association
Arlington, Virginia

Picture-Perfect, lecciones de ciencia por grado
Jardín de infantes

La versión de nivel de grado de *Picture-Perfect Science Lessons* está escrita por los autores del programa e incluye una recopilación de lecciones extraídas de la galardonada serie de cinco libros.

Información adicional sobre el uso de la serie *Picture Perfect Science*, incluidas estrategias de lectura clave, relaciones *NGSS* y el modelo de instrucción BSCS 5E se puede descargar de forma gratuita aquí:

www.nsta.org/store/product_detail.aspx?id=10.2505/9781681402925

nsta Press®
National Science Teaching Association

Claire Reinburg, directora
Rachel Ledbetter, gerenta de redacción
Deborah Siegle, editora asociada
Andrea Silen, editora asociada
Donna Yudkin, gerenta de adquisición de libros

Arte y diseño
Will Thomas Jr., director
Linda Olliver, cubierta, diseño interior, ilustraciones

Impresión y producción
Catherine Lorrain, directora

National Science Teaching Association
David L. Evans, director ejecutivo

1840 Wilson Blvd., Arlington, VA 22201
www.nsta.org/store
Para consultas de servicio al cliente, llame al 800-277-5300.

ISBN: 978-1-68140-857-6
e-ISBN: 978-1-68140-868-2

Contenidos

La fuerza y las interacciones El empuje y la tracción

Prácticas científicas y de ingeniería (SEP)

Reconocimientos

Queremos dedicar este libro a la memoria del Dr. Robert Yearout, quien nos dio la oportunidad de presentar nuestro primer taller docente en la conferencia "Sharing What Works" en Columbus, Ohio, 2000. Gracias al liderazgo del Dr. Yearout en obtener altos logros académicos en el Math and Science Consortium (Consorcio de Matemáticas y Ciencias), del que tuvimos la suerte de ser parte durante muchos años, tuvimos la posibilidad y el incentivo para crecer como educadores y promotores de la educación de matemáticas y ciencias. Su estilo generoso de liderazgo y el más sumo respeto por la profesión docente nos continúan inspirando en la actualidad.

Queremos agradecer el cuidado y la atención al detalle que otorgaron a este proyecto Rachel Ledbetter, Wendy Rubin y Claire Reinburg en NSTA Press.

También queremos agradecer a:

- Linda Olliver por sus ilustraciones "Picture-Perfect"
- Tom Uhlman por su fotografía
- Kim Stilwell por moderar talleres que nos dio tiempo para escribir y compartir *lecciones de ciencias Picture-Perfect* con docentes en todo el país
- Personal y estudiantes de Blue Springs School District, Heritage Elementary, Indian Hill Elementary y Mason City Schools por lecciones de ensayo de campo y las "oportunidades de fotografía"
- Libby Beck y Nancy Smith por contribuir con fotografías
- Ken Roy por su revisión minuciosa de seguridad
- Ted Willard por responder a todas nuestras preguntas sobre *Estándares de Ciencia para la Próxima Generación* (*Next Generation Science Standards, NGSS*) y crear estas guías prácticas de *NGSS*.
- Bill Robertson, Debbie Rupp y Rand Harrington por compartir su conocimiento del contenido
- TeachEngineering por autorizarnos a usar una versión modificada de la actividad: "Proteger a nuestras ciudades con diques" de la lección "¡Huracanes!"
- Terri Collins, coordinador de extensión educativa y profesor sénior de Kennesaw State University, por contribuir a las ideas de actividades STEM para este libro y compartir Picture-Perfect Science con los docentes
- Dr. Joyce Poole, cofundador y codirector de ElephantVoices, por su investigación en el comportamiento de los elefantes
- Derrick Campana, director de ortopedia en Animal Ortho Care, LLC, por su aporte a la lección "Animales biónicos"
- Kevin Rusnak, historiador sénior en Air Force Research Laboratory, por revisar la lección "Exploración del espacio"
- Faye Harp, Lori Vanover y los docentes de Heritage Elementary School por su ayuda e inspiración para la lección "Basura para atesorar"

Reconocimientos

- Sienna Weinstein, estudiante de la maestría en biología de la conservación en el Departamento de Estudios Medioambientales de Antioch University New England, por revisar la lección "Mejor juntos"
- Jeff Morgan, ingeniero químico del Departamento de Desarrollo de Productos de IyD de Procter & Gamble, y Karl Vanderbeek, director creativo asociado en el departamento de diseño industrial en Kaleidoscope Product Design and Innovation, por compartir su conocimiento en el proceso de diseño

También queremos agradecer sinceramente las contribuciones de los siguientes revisores:

- Kevin Anderson
- Deborah Hanuscin
- Eileen LaTorre
- Brandy Whitney

Acerca de las Autoras

Emily Morgan es exdocente del laboratorio de ciencias de educación primaria de Mason City Schools en Mason, Ohio, y docente de ciencias de séptimo grado en Northridge Local Schools en Dayton, Ohio. Trabajó como asesora de ciencias para el Hamilton County Educational Service Center y líder de ciencias para el consorcio High AIMS. Se graduó con un título en educación primaria de la Universidad Estatal Wright y posee una maestría en ciencias para la educación de la Universidad de Dayton. Además, es la autora de la serie de manuales ilustrados Next Time You See (La próxima vez que veas) de NSTA Press. Emily vive en West Chester, Ohio, con su marido, su hijo y varios animales.

Karen Ansberry es líder del programa de ciencias para la educación primaria y docente de quinto y sexto grado en Mason City Schools en Mason, Ohio. Se graduó con un título en biología de la Universidad Xavier y una maestría en enseñanza de la Universidad Miami. Karen vive en la histórica Lebanon, Ohio, con su esposo, dos hijos, dos hijas y dos perros.

Emily y Karen disfrutan de brindar talleres docentes en escuelas primarias, universidades y congresos de profesionales alrededor del país. Las versiones de nivel de grado de *Picture-Perfect Science Lessons* son recopilaciones de clases de la serie de cinco manuales. Para obtener más información sobre esta serie y los talleres docentes, visite *www.pictureperfectscience.com*.

Medidas de seguridad para las actividades de ciencia

Con actividades científicas prácticas, de procesos y de investigación, la enseñanza y el aprendizaje de ciencia en la actualidad pueden ser eficaces y divertidos.

El desafío de garantizar este éxito se debe lograr al abordar los problemas de seguridad potenciales relacionados con los controles de ingeniería (ventilación, estación para enjuagarse los ojos, entre otros), los procedimientos administrativos y operativos de seguridad, y el uso del equipo de protección personal adecuado (gafas para salpicaduras de productos químicos con ventilación indirecta que cumplan con la norma ANSI Z87.1, mandiles y guantes resistentes a productos químicos, entre otros). Los docentes pueden garantizar la seguridad de los alumnos y la propia al adoptar, implementar y hacer cumplir las normas legales de seguridad y las medidas profesionales de seguridad recomendadas para el salón de clases de ciencia y el laboratorio. En este manual, se incluyen notas de seguridad para las actividades de ciencia que se deben adoptar y hacer cumplir para proporcionar una experiencia más segura de aprendizaje y enseñanza. Los docentes también deben revisar y seguir las políticas y los protocolos locales utilizados en el distrito escolar y la escuela (p. ej., el Plan de seguridad para la comunicación de peligros de OSHA del empleador y las políticas de seguridad de la Junta de Educación).

Se pueden encontrar procedimientos operativos estándar aplicables adicionales en "Seguridad en el salón de clases de ciencias, en el laboratorio o en los sitios de campo" de la Asociación Nacional de Maestros de Ciencia (www.nsta.org/docs/SafetyInTheScienceClassroomLabAndField.pdf). Los alumnos deben revisar el documento o uno similar a este para alumnos de nivel primario bajo la dirección del docente. También es importante incluir información de seguridad sobre el trabajo en el hogar para las actividades "STEM en casa". Tanto el alumno como los padres o tutores deben firmar el documento en señal de reconocimiento de los procedimientos que se deben seguir para una experiencia de trabajo y aprendizaje más segura en el salón de clases, el laboratorio o en campo. El Consejo de Supervisores Estatales de Ciencias también cuenta con un recurso de seguridad para las actividades de ciencia para el nivel primario llamado "Ciencia y seguridad: ¡es esencial!" Los docentes pueden consultar este documento en www.csss-science.org/ downloads/scisaf_cal.pdf.

Tenga en consideración que las medidas de seguridad de cada actividad dependen, en parte, del uso de los materiales recomendados y las instrucciones, las normas legales de seguridad y las prácticas profesionales recomendadas. La selección de materiales o procedimientos alternativos para estas actividades puede poner en riesgo el nivel de seguridad y, por lo tanto, es responsabilidad del usuario.

Nombre:______________________________

Perlas misteriosas

En el interior

1. Colorea las perlas misteriosas como se ven en el interior.

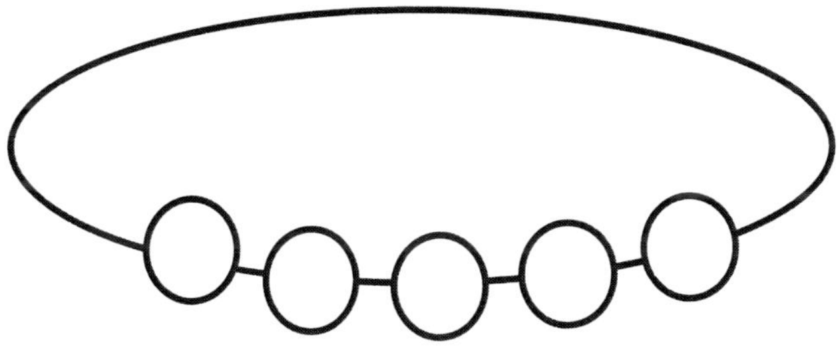

Al aire libre

2. Colorea las perlas misteriosas como se ven al aire libre.

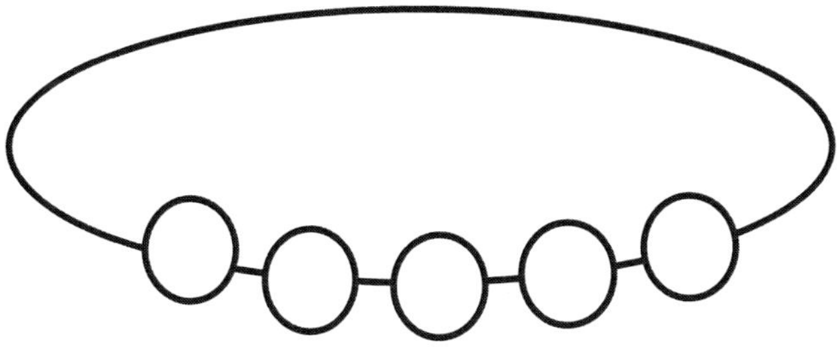

3. ¿Qué crees que causó que las perlas misteriosas cambiaran?

Nombre: ______________________

Seguridad solar

¿Alguna vez estuviste al aire libre por un largo tiempo? ¿Tu piel se puso roja o dolía si la tocaban? Es probable que tuvieras una quemadura provocada por el sol.

El sol nos da más que solo la luz que vemos. También emite rayos que son invisibles. Algunos de estos rayos se llaman rayos de luz **ultravioleta** (UV).

Los rayos UV del sol causan quemaduras y también pueden lastimar tus ojos. Puedes proteger tu piel y ojos del sol si usas protector solar, anteojos y un sombrero.

Las perlas especiales llamadas perlas UV cambiarán de color cuando se las coloca en la luz UV. Las perlas UV son blancas a la luz de una lámpara y muestran sus colores verdaderos cuando están bajo la luz del sol. Mientras más brillantes sean los colores de las perlas UV, más fuertes son los rayos UV.

Nombre: ______________________________

Consejo de seguridad solar

Cuando estés bajo el sol, usa ______________________________.
Ayuda a bloquear los rayos UV.

Nombre:______________________________

Comparación de temperaturas

Instrucciones: Escribe los nombres de cuatro superficies externas diferentes en la columna "superficie". Tu maestro medirá la temperatura de cada superficie en la sombra y en el sol. Escribe las temperaturas en la tabla.

Superficie	Temperatura en la sombra (°F)	Temperatura en el sol (°F)
1.		
2.		
3.		
4.		

Haz un círculo sobre la temperatura más alta. ¿Por qué crees que fue la más alta?

Nombre: ______________________________

Vamos a aprender sobre el sol

Antes de leer Verdadero o falso		**Después de leer** Verdadero o falso
________	1. El sol es una estrella.	________
________	2. El sol es más pequeño que la tierra.	________
________	3. El sol está más lejos que la luna.	________
________	4. Una nave espacial ya ha estado en el sol.	________
________	5. Sin el sol, la tierra sería fría y oscura.	________

Nombre:______________________________

Que se mantenga fresco
Desafío de diseño

Desafío: Diseña una estructura que proporcione un lugar para refrescarse en el patio de juegos.

Dibuja tu modelo. Incluye al sol en tu dibujo.

¿Cuál cubo de hielo tardó más en derretirse? (dibuja un círculo alrededor)

En el modelo **En el sol**

¿Funcionó tu modelo? __________________________

¿Cómo sabes?

Nombre: ______________________________

STEM en casa

Querido ____________________:

En la escuela, aprendimos sobre cómo **el sol calienta a la tierra.**

Aprendí que: ____

____

Mi parte favorita de la lección fue: ______________________________

____

____

En casa, podemos experimentar para averiguar cuál se derretirá más rápido: un cubo de hielo sobre papel negro o un cubo de hielo sobre papel blanco. Este experimento debería realizarse afuera en un lugar soleado de un día cálido. Necesitaremos los siguientes materiales:

- 2 recipientes transparentes de plástico
- 1 hoja de papel negro de construcción
- 1 hoja de papel blanco de construcción
- 2 cubos de hielo del mismo tamaño y forma
- 1 reloj o temporizador

Coloca los papeles uno al lado del otro en el sol. Pon un cubo de hielo en cada recipiente, y coloca los recipientes sobre los papeles. Luego, registra el tiempo que tarda cada cubo de hielo en derretirse por completo.

Papel negro	Papel blanco
______ min.	______ min.

Nuestra conclusión: El cubo de hielo en el papel __________ se derritió más rápido porque

____

____

____

Tarjetas de imágenes

Tarjetas de imágenes

Tarjetas de imágenes

Tarjetas de imágenes

Tarjetas de imágenes

Cosas Que Crecen

Por________________________

Cosas que crecen

En el aula

Cosas que crecen

Al aire libre

Nombre: ______________________________

En busca de seres vivos y no vivos

Dibuja en tu círculo lo que ves.

Vivo

____

____

No vivo

____

____

(sí o no)

¿Cómo sabes?

¿Está vivo?

Nombre:______________________________

Observa un árbol

1. Dibujo:

2. Circunferencia del tronco (distancia alrededor del tronco): __________

3. Forma de la hoja:

4. Tipo de árbol: ______________________________

5. Este árbol es importante porque______________________________

____

____

____

Plantamos un árbol y ese árbol hizo que el mundo fuera mejor porque ...

Plantamos un árbol

Por: ____________________

En primer lugar,

Luego,

A continuación,

Por último,

STEM en casa

Querido __________________,

En la escuela, hemos estado aprendiendo sobre **cómo los árboles ayudan a la tierra.**

Aprendí que: ____________________________________

____

Mi parte favorita de la lección fue: ________________________

____

____

En casa, podemos elegir un árbol favorito que esté cerca. Podemos dibujar su forma, usar crayones para hacer un frottage de la hoja y medir el tronco.

Forma del árbol (Dibuja la forma de tu árbol).	**Frottage de hoja** (Coloca una hoja debajo de este papel, frota el crayón sobre la hoja).	**Circunferencia del tronco** (Mide la distancia alrededor del tronco).

Este es nuestro árbol favorito porque ______________________

____

Actividad opcional: A continuación, podemos usar una aplicación para identificar árboles o el sitio web de Arbor Day Foundation ***(www.arborday.org/trees/index-identification.cfm)*** para intentar averiguar qué tipo de árbol es.

Nombre:________________________

Mi árbol favorito

Por ________________________

La forma de mi árbol favorito

Mi árbol favorito cont.

Frotamiento de hoja de mi árbol favorito

Observaciones de la hoja: ______________________________

Mi árbol favorito cont.

Frotamiento de corteza de mi árbol favorito

Observaciones de la corteza: ______________________________

____

____

____

____

____

Mi árbol favorito cont.

Preguntas sobre mi árbol favorito: ____________________

La razón por la que es mi árbol favorito: ______________

Sé un amigo de los árboles

Rúbrica de póster 3-2-1

*Nombre*______________________________________

Tu póster incluye:

3 maneras en que los árboles son útiles para los humanos, los animales y el medio ambiente.

1 2 3

2 hecho interesantes que aprendiste sobre los árboles.

1 2

1 dibujo con nombres de ti "como un amigo de los árboles".

1

Para divertirte y obtener créditos extras, incluiste tu propia investigación adicional sobre árboles o un poema, una canción, un rap o una aclamación sobre ser amigo de los árboles.

Puntaje total_____/6

Comentarios: ____________________________________

Tarjetas de hábitat

Instrucciones:
Recorta las tarjetas y une las figuritas de animales al hábitat que corresponda.

Pradera

Desierto

Selva

Polar

Océano

Nombre:______________________________

Diseña un desafío de hábitat

Desafío: Diseña y construye un modelo de hábitat para tu animal. Trabaja con un adulto que te ayude a hacer lo siguiente:

1. Averiguar sobre las necesidades de tu animal.
2. Averiguar cómo es el hábitat natural de tu animal.
3. Completar la Tarjeta de hechos de animales.
4. Diseñar y construir tu modelo usando una caja de zapatos y otros materiales. Tu modelo debería incluir la figurita.
5. Recorta la Tarjeta de datos de animales y pégala a tu caja de zapatos.

Verifica (✓) que tu modelo de hábitat satisface las necesidades de tu animal:

☐ **Alimentos para comer**

☐ **Agua para beber**

☐ **Aire para respirar**

☐ **Actividad o juguete para enriquecimiento**

El modelo de hábitat debe entregarse el ______________________.

Nombre: ____________________

Tarjeta de datos de animales

Animal: ____________________

Come: ____________________

Bebe: ____________________

Respira: ____________________

Vive en: ____________________
(Hábitat)

Nombre:______________________________

Escribe una carta

Haz de cuenta que quieres persuadir a tus padres para que te dejen quedarte con tu animal como mascota. (Recuerda que nunca debes quedarte con un animal salvaje como mascota en la vida real). Escríbeles una carta e incluye la siguiente información:

- De dónde viene el animal
- Cómo te encargarás de todas sus necesidades
- Por qué deberían permitirte que te lo quedes

Querido ________________________:

Saludos,

Nombre: ______________________________

STEM en casa

Querido ________________,

En la escuela, hemos estado aprendiendo que los animales viven en **hábitats** que satisfacen sus necesidades básicas.

Aprendí que: ____

____

____

Mi parte favorita de la lección fue: ______________________________

____

____

En casa, podemos jugar a "Construye un hábitat en línea".

Escribe "SwitchZoo Build an Online Habitat" (SwitchZoo construye un hábitat en línea) en el buscador para encontrar el juego, o dirígete a ***http://switchzoo.com/games/habitatgame.htm.***

1. Elige tu animal haciendo clic en una imagen de un animal.
2. Haz clic en las diferentes características del hábitat para cambiarlas. (Comprueba el porcentaje de la barra para asegurarte de que las necesidades de tu animal están satisfechas).
3. En el recuadro abajo, dibuja tu animal en su hábitat.

Nombre:______________________________

Las tres R más una

Instrucciones: Haz una lista o dibuja cada elemento en la bolsa de basura. ¿Podrías reducirlo, reusarlo, reciclarlo, o hacerlo compost? Coloca una marca de verificación en la columna correcta abajo.

Elemento	Reducir	Reusar	Reciclar	Hacer compost

Escribe una carta

Escribe una carta a la persona que tiró todos los elementos en la bolsa de basura para convencerlos de que reduzcan la cantidad de basura que tiran. En tu carta, asegúrate de:

- Decirles acerca de dónde se dirige la basura después de que sale de tu escuela,
- Describir lo que podrían hacer con algunos de los elementos en la bolsa, además de tirarlos a la basura y
- Usar los términos *basurero, reducir, reusar, reciclar* y *compost*

Querido____________________,

Tu amigo,

Mi promesa de superhéroe de las tres R

Yo, ____________________ prometo ser un superhéroe de las tres R por:

____

Yo como un superhéroe de las tres R

Nombre: ______________________

Conduce, Newton, conduce

Parte A: Rampas bajas y altas

¿En cuál rampa Newton fue más rápido y más lejos?	 Rampa baja	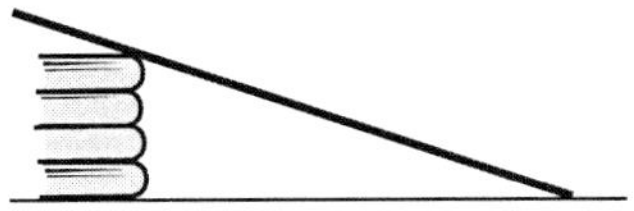 Rampa alta

Parte B: Cambio de superficie

¿En cuál superficie Newton fue más rápido y más lejos?	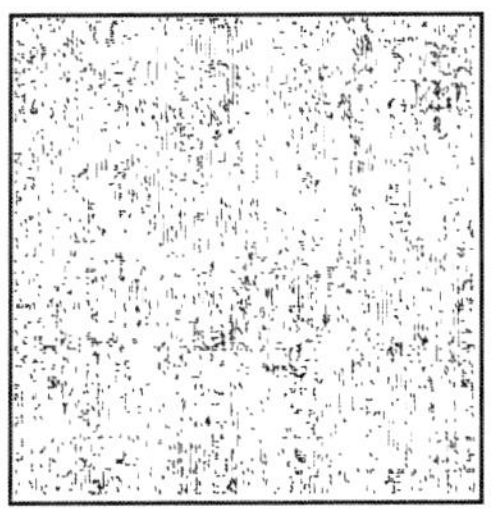 Textura	 Suelo liso

Parte C: Comparación de Liviano y Pesado

¿Cuál recipiente se movió más lejos cuando el auto de Newton lo golpeó?	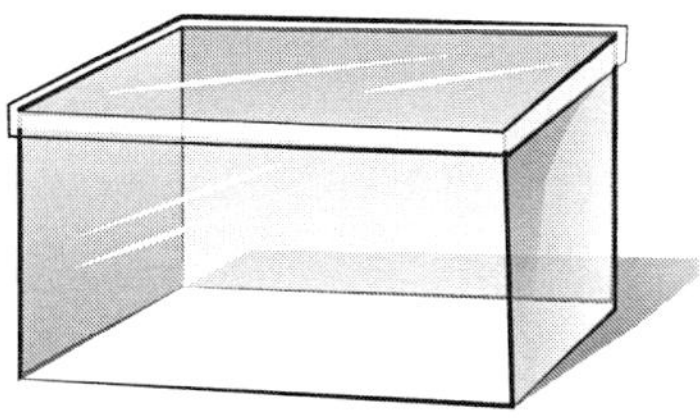 Recipiente liviano	 Recipiente pesado

Nombre: ______________________________

Move It!

Aprendamos algunas palabras nuevas sobre el movimiento

1. Un empuje o una tracción se conoce como

   ______________________________.

2. Si tiras algo al aire, caerá de nuevo. La fuerza que lo empuja hacia abajo se llama ____________________.

3. Cuando dos superficies se frotan, se crea una fuerza llamada

   ______________________________.

4. Una fuerza es un empuje o tracción que hace que un objeto se mueva o cambie su ________________.

Instrucciones: Recorta las tarjetas y colócalas en las oraciones abajo. Luego, escucha mientras tu maestro lee el libro *Move It!* (En movimiento)

fuerza	**gravedad**
movimiento	**fricción**

Nombre: ________________________________

Nuestro mejor diseño

¿Cómo entró el auto de Newton en la caseta del perro? Dibuja y coloca los nombres de tu mejor solución en el recuadro abajo.

Nombre:______________________________

STEM en casa

Querido _______________________:

En la escuela, aprendimos sobre **la fuerza y el movimiento**: las maneras en que el empuje y la tracción pueden iniciar o detener el movimiento así como también cambiar la dirección de un objeto.

Aprendí que: ____

____

Mi parte favorita de la lección fue: ____________________________

____

En casa, podemos probar diferentes objetos para averiguar cómo descienden por una rampa. Para construir una rampa, necesitaremos algunos libros para apilar y una gran pieza plana de madera o de cartón (una tabla de cortar o bandeja de horno sin costados servirá también). A continuación, podemos recolectar algunos objetos pequeños como bloques, tubos de papel y pelotas, y comprobar (✓) si **ruedan**, **se deslizan**, o **se quedan quietos** cuando se los suelta desde la parte superior de la rampa.

Haz una predicción y luego inténtalo

Objeto	Rueda	Se desliza	Se queda quieto

Nombre: ______________________________

Desafíos de montaña rusa

¿Puedes hacer los desafíos abajo?

Elige ☑ sí o ☑ no.

1. ¿Puedes hacer que la pelota ruede desde un extremo de la pista y se detenga en la taza?

   ☐ sí ☐ no

2. ¿Puedes hacer que la pelota ruede más rápido?

   ☐ sí ☐ no

3. ¿Puedes hacer que tu pelota ruede más despacio?

   ☐ sí ☐ no

4. ¿Puedes hacer que la pelota vaya por una pendiente en tu montaña rusa?

   ☐ sí ☐ no

5. ¿Puedes hacer que la pelota vaya por dos pendientes en tu montaña rusa?

   ☐ sí ☐ no

6. ¿Puedes hacer que la pelota pase por un circuito en tu montaña rusa?

   ☐ sí ☐ no

Nombre: ______________________________

Mi montaña rusa

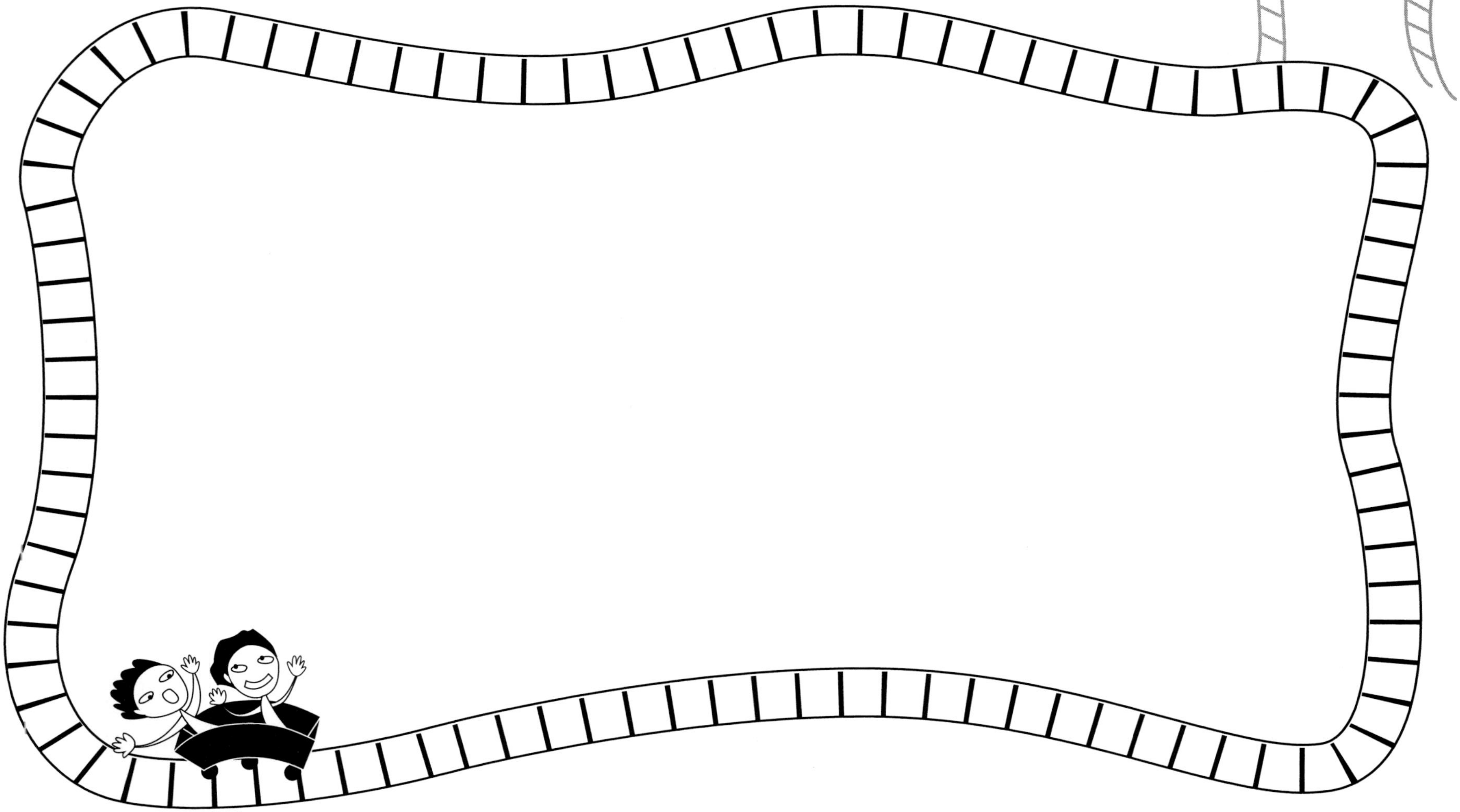

Nombre: ____________________

Carreras de caída

Deja caer los siguientes objetos al mismo tiempo a la misma altura. Marca ☑ el ganador de cada carrera de caída.

1. Pelota de tenis ☐ Canica ☐ Empate ☐
2. Pelota de tenis ☐ Clip ☐ Empate ☐
3. Pelota de tenis ☐ Centavo ☐ Empate ☐
4. Centavo ☐ Libro ☐ Empate ☐
5. Clip ☐ Libro ☐ Empate ☐

Nombre:______________________________

Cuestionario de objetos que caen

Ana deja caer una bola de boliche y un clip a la misma altura y al mismo tiempo.

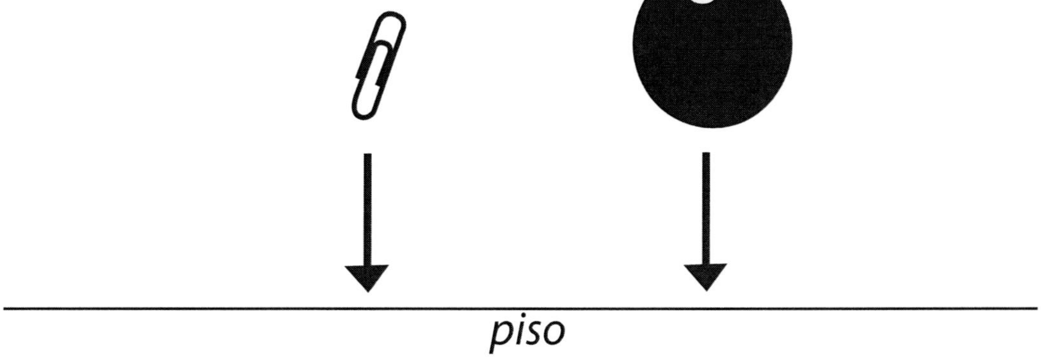

1. ¿Cuál llegará primero al piso?
   a. clip
   b. bola de boliche
   c. Ambas llegarán al piso al mismo tiempo.

2. ¿Cuál impactará en el piso con más **fuerza**?
   a. clip
   b. bola de boliche
   c. Ambas impactarán el piso con la misma fuerza.

3. ¿Qué fuerza hacen que los objetos caigan?
   a. fricción
   b. gravedad
   c. aire

Nombre: ____________________

Cuestionario de objetos que caen cont.

Jesse sujetó con la misma banda elástica a dos de sus juguetes.

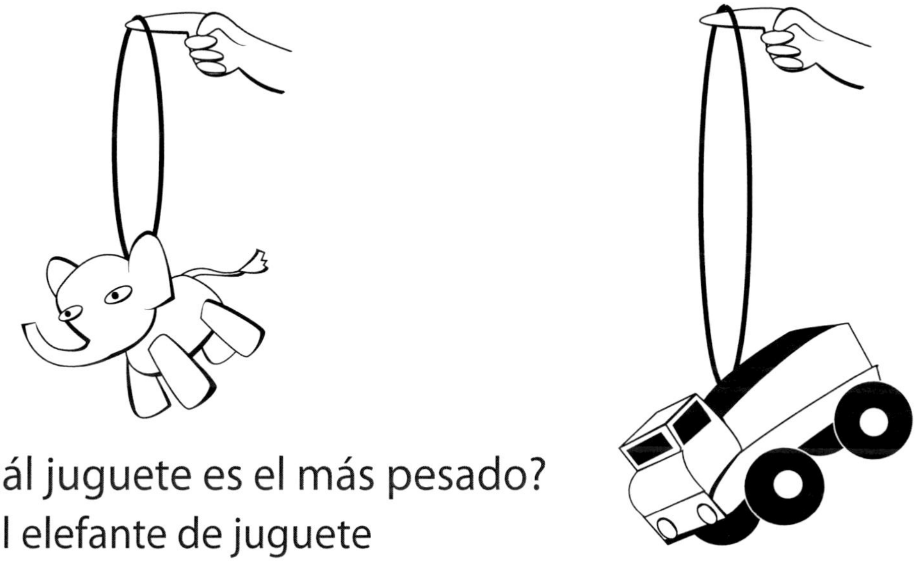

4. ¿Cuál juguete es el más pesado?
   a. el elefante de juguete
   b. el camión de juguete
   c. Pesan lo mismo.

5. La gravedad siempre está:
   a. tirando de las cosas
   b. empujando las cosas
   c. levantando cosas

6. ¿En qué parte de la pista abajo, una montaña rusa se movería más rápido? Dibuja un círculo alrededor de la letra.

Capítulo 15

Tu corazón

Guía de anticipación

Antes Verdadero o falso		Después Verdadero o falso
______	1. Tu corazón está más cerca del costado derecho de tu pecho.	______
______	2. Tu corazón es tan grande como tu puño.	______
______	3. Tu corazón es un músculo fuerte.	______
______	4. Tu corazón late más despacio cuando ejercitas.	______
______	5. El corazón de un animal grande late más lentamente que el corazón de un animal pequeño.	______
______	6. Deberías ejercitar durante 30 a 60 minutos la mayoría de los días de la semana.	______

Nombre: ______________________

PMV

El punto más valioso es...

VIP

VIP

VIP

VIP

VIP

Recorte de cuerpo atareado

Recorte de cuerpo atareado

Tarjetas de imágenes

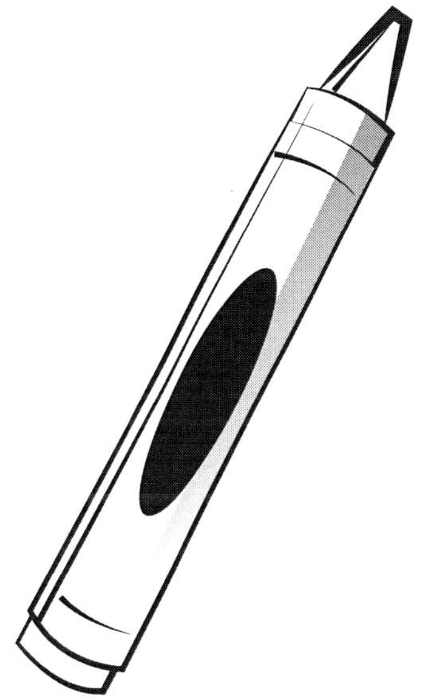

Crayón

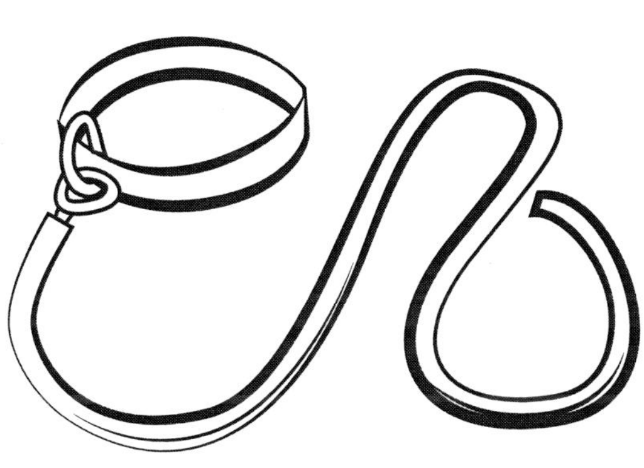

Correa para perros

Orejeras

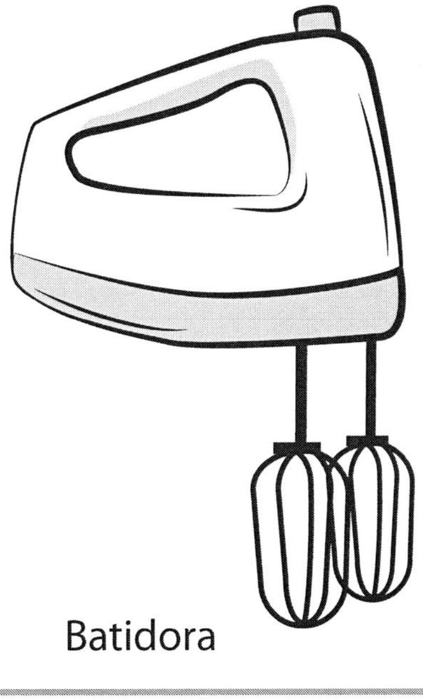

Batidora

Tarjetas de imágenes

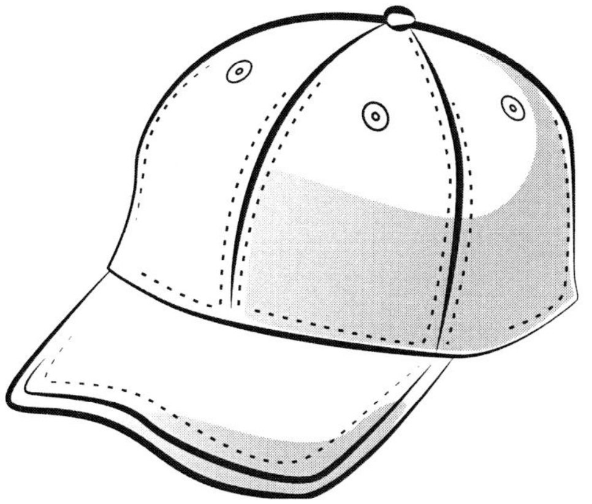

Gorra de béisbol

Calculadora

Regadera

Pala

Tarjetas de imágenes

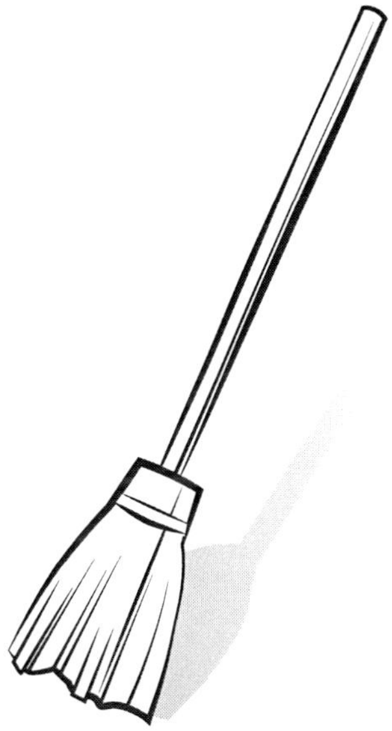

Escoba

Palillos para tambor

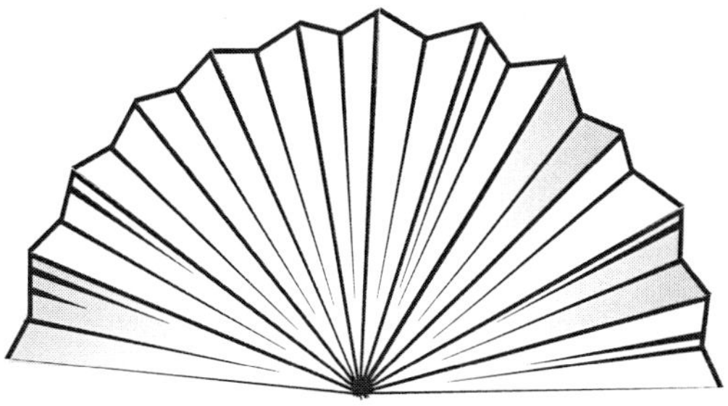

Abanico

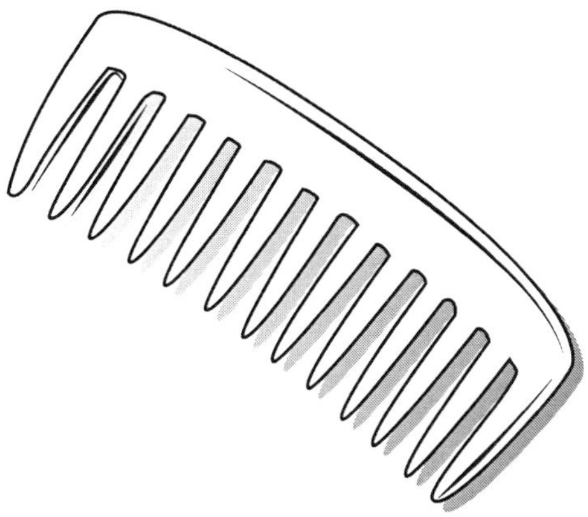

Peine

Tarjetas de imágenes

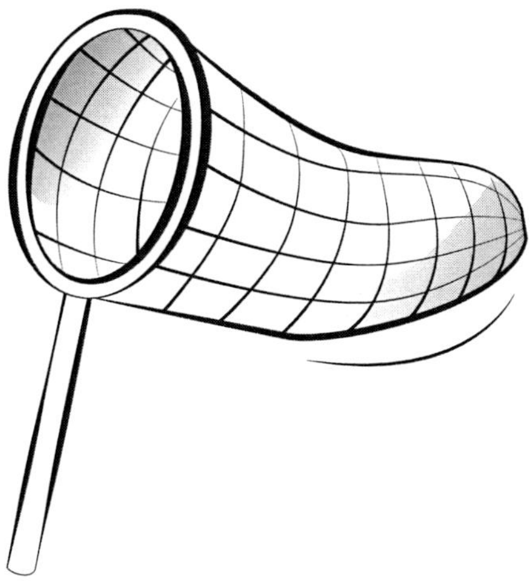

Red para mariposas

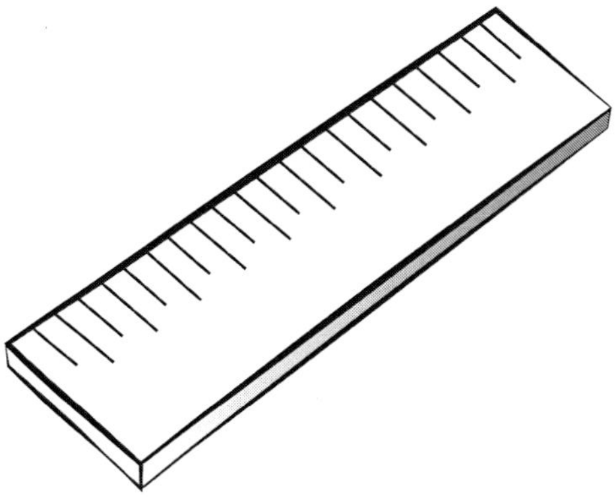

Metro plegable

Paraguas

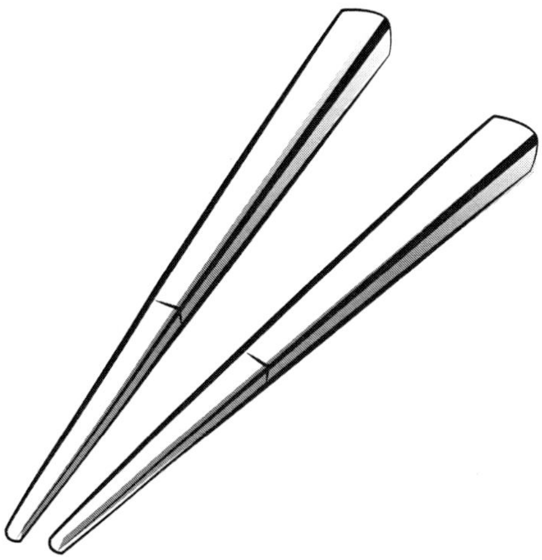

Palillos para comer

Nombre: ______________________________

Algo útil

1. Nombre del objeto: ______________________________

2. Boceto con etiquetas del objeto:

3. ¿Cuáles son las partes del objeto y su finalidad?

Parte	Finalidad

4. ¿Qué problema resuelve esta cosa útil? ______________________________

____

____

5. ¿Cómo sería la vida sin ese objeto? ______________________________

____

____

Nombre:____

Arma una mochila mejor

1. Nombre de tu mochila mejorada: ________________________________

2. Dibuja y coloca los nombres de las estructuras nuevas en la imagen abajo.

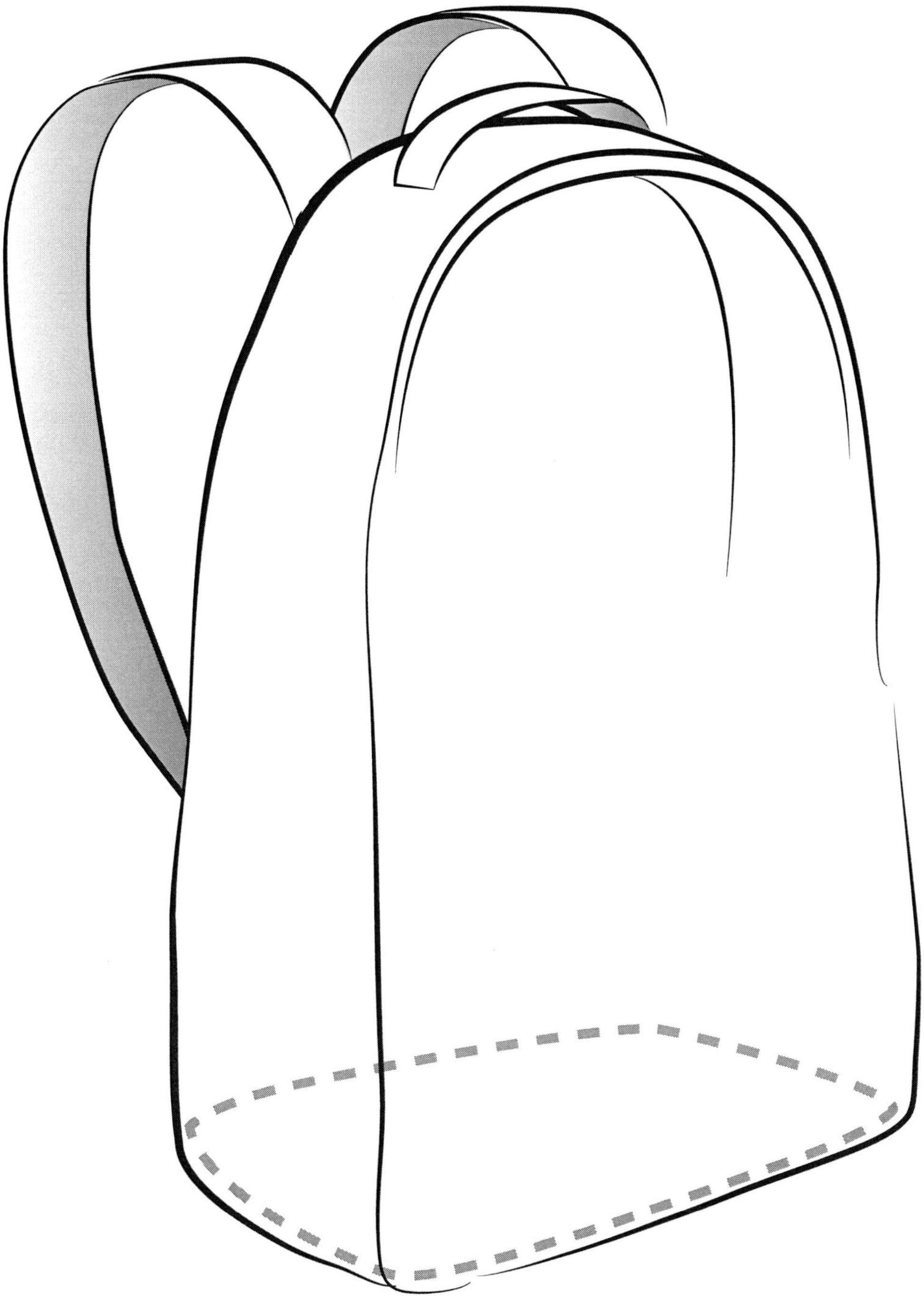

3. ¿Qué hace cada estructura nueva? Completa el gráfico T abajo.

Estructura	Función

4. ¿En qué es mejor la mochila mejorada en comparación con la original?

5. Crea una canción, un rap o un anuncio publicitario para vender tu mochila nueva y mejorada.

Nombre: ____________________

STEM en casa

Querido ____________________:

En la escuela, aprendimos que los ingenieros diseñan muchas de las cosas que utilizamos día a día. Estas cosas se llaman **tecnologías.**

Aprendí que: ____________________

____

Mi parte favorita de la lección fue: ____________________

____

En casa, podemos mirar un video corto que se llama "Preventing Back Pain From Backpacks" (Prevención del dolor de espalda por mochilas) sobre los problemas que pueden causar las mochilas.

Escribe "Inside Science Preventing Back Pain" (En la ciencia, cómo prevenir el dolor de espalda) en el buscador para encontrar el video de Inside Science en ***www.insidescience.org/content/preventing-back-pain-backpacks/812.***

Después de ver juntos el video, podemos averiguar si mi mochila es muy pesada. Necesitaremos una báscula de baño y una calculadora para esta parte.

__________ libras = peso de mi mochila llena

__________ libras = mi peso

__________ = 10% de mi peso (mi peso x 0.10)

Conclusión: ¿Mi mochila es más pesada que el 10% del peso de mi cuerpo?

☐ Sí ☐ No

Si es así, mi mochila es demasiado pesada.

Qué puedo hacer para ayudar a que mi mochila sea más segura de llevar:

____

____

____